# 根治病险土坝及新建土坝的土工膜防渗排水系统工程

# 实用技术

阮文森　林宇煊 ◎ 编著

U0214563

海峡出版发行集团 | 福建科学技术出版社
THE STRAITS PUBLISHING & DISTRIBUTING GROUP | FUJIAN SCIENCE & TECHNOLOGY PUBLISHING HOUSE

**图书在版编目（CIP）数据**

根治病险土坝及新建土坝的土工膜防渗排水系统工程
实用技术 / 阮文森，林宇煊编著. —福州：福建科学技术
出版社，2019.8
ISBN 978-7-5335-5908-3

Ⅰ. ①根… Ⅱ. ①阮… ②林… Ⅲ. ①土坝－坝体－
复合土工膜－防渗体－研究 Ⅳ. ①TV640.31

中国版本图书馆 CIP 数据核字（2019）第 094738 号

| | | |
|---|---|---|
| 书　　名 | **根治病险土坝及新建土坝的土工膜防渗排水系统工程实用技术** | |
| 编　　著 | 阮文森　林宇煊 | |
| 出版发行 | 福建科学技术出版社 | |
| 社　　址 | 福州市东水路 76 号（邮编 350001） | |
| 网　　址 | www.fjstp.com | |
| 经　　销 | 福建新华发行（集团）有限责任公司 | |
| 印　　刷 | 福州万紫千红印刷有限公司 | |
| 开　　本 | 889 毫米×1194 毫米　1/32 | |
| 印　　张 | 1.625 | |
| 字　　数 | 32 千字 | |
| 版　　次 | 2019 年 8 月第 1 版 | |
| 印　　次 | 2019 年 8 月第 1 次印刷 | |
| 书　　号 | ISBN 978-7-5335-5908-3 | |
| 定　　价 | 20.00 元 | |

书中如有印装质量问题，可直接向本社调换

## 内容提要

本书是根据 201710192397.2 号发明专利改编而成，该发明创造的名称为"用于新建土坝及用于根治病险土坝的土膜防渗排水系统"。该水利科技新成果由土坝土工膜膜上防渗隔水、膜下排水的防渗机理，根治病险土坝的土工膜防渗加固工程技术，预防新建土坝产生新的病险库的土工膜防渗加固工程技术三个分专利技术构成。

# 前　言

　　新中国成立以来，我国已建成库容 10 万立方米以上的水库约 9 万座，是世界上水利工程数量最多的国家之一。我国已兴建的水库大部分是在"大跃进"期间和"文革"期间兴建的，由于这些水库的土坝多是在边勘测、边设计、边施工的情况下建成的，所以土坝碾压的质量差，从而产生了大量的病险库。

　　根治病险土坝，把病险库的帽子摘去，同时对新建土坝采用土工膜防渗加固工程措施，使它不再成为新的病险库，是当前我国水利科技人员关注的热点和难点。采用什么技术或不采用什么技术，能取得怎样的防渗加固目标是各不相同的。为了避免土坝土工膜防渗加固工程技术发展的盲目性，减少因防渗工程失误而造成的经济损失，使除险加固工程进一步规范化和科学化，本书在总结以往土工膜防渗工程技术经验与教训的基础上提出以下新的观点：一是土坝土工膜膜上防渗隔水、膜下排水的防渗机理新理论，该理论是一个从源头上创新的水利科技新理论，它打破了经典理论的约束，进行了大胆的探索；二是把"土坝土工膜膜上防渗隔水、膜下排水的防渗机理"作为根治病险土坝、预防新建土坝成为新的病险库、制定土工膜防渗工程最佳技术的依据；三是在土坝土工膜防渗工程中创立"膜上防渗隔水、膜下排水的土工膜组合防渗结构型式"，尤其是在膜下设置的一套完善的排水系统；四是在土坝土工膜防渗工程中，以管前病险土坝为实例进行土工膜膜厚的设计、计算和土工膜的抗滑稳定性计算，其计算方法、计算公式及相关设计图表述清楚准确；五是采用施工新工艺，即应用非开挖铺管钻机新机具，以解决人工难以在病险土坝坝底开挖并铺设坝基横向排水集水管的问题；六是以工程实例表明，在治理病险库中，把理论与工程设计、

1

施工及管理紧密结合，是根治病险库及预防新建水库土坝产生新的病险库的有效方法。

本书遵循实际、实用、实效的原则，注重传授水利科技中的根治病险土坝及预防新建土坝成为病险库的土工膜防渗技术发展的新观念、新理论，书中重点介绍上述"六新"技术，它是工程理论与工程实际相结合的范例，有很强的实用性，书中大胆提出：实施防渗工程的目标是使土坝坝面无水层，水对土坝的水平渗透消失了，土坝自然就安全了。

阮文森

2019 年 4 月

# 目　录

# 第一章 创立"土坝土工膜膜上防渗隔水、膜下排水的防渗机理"

## 第一节 土坝土工膜膜上防渗隔水、膜下排水的防渗机理

在病险土坝除险加固或在新建土坝的建设中，利用土工膜的防渗和隔离功能，把土工膜铺放在土坝的迎水面上阻截库水渗入坝内，同时在防渗体的膜下设立排水系统，把渗入土坝的水排出坝外，使土坝与土坝迎水面防渗层中铺放的土工膜膜间无水层，从而在源头上阻断了库水对坝体的渗透破坏。由于坝内无渗入的水流，坝内的浸润线就不存在，坝体的土料逐年干化，这就提高了土坝的抗滑稳定性，从而达到有险除险、无险加固的目标。在土工膜防渗加固工程中，以土工膜为载体，形成三个成果：一是土坝土工膜膜上防渗隔水、膜下排水的防渗机理；二是根治病险土坝的土工膜防渗加固工程设计；三是预防新建土坝产生新的病险库的土工膜防渗加固工程设计。

## 第二节 "土坝土工膜膜上防渗隔水、膜下排水的防渗机理"的内容

利用土工膜的不透水性，把它布设在病险土坝或新建土坝防渗加固工程的防渗体结构中，土坝迎水面从坝底至设计洪水位间全部铺设土工膜后，土工膜就发挥了截渗隔水功能，在土坝的迎水面形成了一堵整体的、不透水的截水斜墙，该斜墙把库水与原坝体隔开，阻止水库的水渗入坝体，在这样的情况下，坝内的浸润线大幅

度下降，坝后的渗流量极大地减少。值得注意的是，水是无孔不入的，所以这堵斜墙不是绝对不透水的。水库蓄水后，这些渗水就淤积在土工膜下、土坝的迎水坡前，并形成一层渗水层，这一渗水层的处理效果是土工膜防渗工程防渗效果成功与否的决定性因素。为此，在防渗体的设计中，务必在土工膜下建立一套完整的纵、横向排水体系。在水库蓄水运行后，在工作水头的压力下，库水渗入膜上约 0.5m 厚的黏壤土防渗过渡层，再经 PE 膜的破损孔洞进入膜下的砂垫层；在水压力的作用下，库水也从膜与土坝两侧山坡周边绕渗至膜下砂垫层中；同时，聚乙烯土工膜是一种难以粘接的材料，强力粘接胶虽然有一定的粘接强度，但其剥离强度却达不到粘接强度的要求，所以粘接的两膜间必然会产生渗漏。由于在防渗体膜下设置膜下排水系统，所以这些渗水经防渗体膜下铺设的 10cm 细砂和 10cm 粗砂垫层排水后，会顺着迎水坡坝面向下漫流到抗滑槽底部的膜下纵向排水沟内。在防渗加固工程的防渗体中，每隔约 3m 坝高设一道纵向排水沟，经沟底排水暗管外裹滤料过滤后，水流入直径约 100mm PVC（聚氯乙烯）的坝坡横向集水管，坝坡横向集水管又分别把数道纵向排水沟产生的水流汇集后排入坝基膜下纵、横向排水集水池，再经坝基的横向 $\phi120$ 排水集水管，把土坝的渗水排出坝外，从而达到土坝迎水坡膜下无水的防渗目标（见图 1～图 4）。

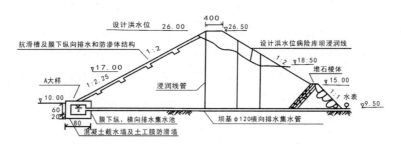

图 1　病险土坝土工膜防渗加固工程抗滑槽及膜下纵横向排水横剖面设计示意图

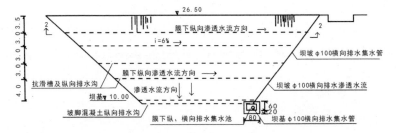

图2　病险土坝土工膜防渗加固工程抗滑槽及膜下纵横向排水布置示意图

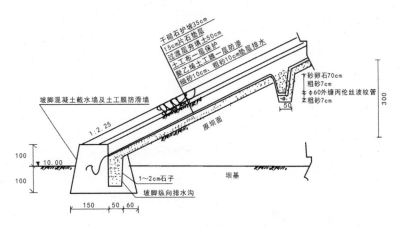

图3　坡脚混凝土截水墙抗滑槽及膜下纵横向排水和防渗体结构大样示意图

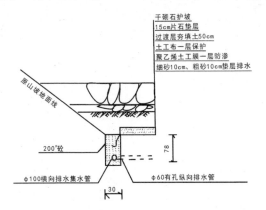

图4　膜下纵横向排水及周边接缝剖面示意图

# 第三节　土坝土工膜膜上防渗隔水、膜下排水的防渗机理的新颖性、实用性和创造性

## 一、新颖性和创造性

土坝坝体劈裂灌浆机理是通过在坝内构筑一道沿轴线附近的布孔并在孔底施以一定的灌浆压力，利用灌浆压力的劈裂能力，有控制地劈裂坝体的土体，灌入适量的泥浆，通过浆坝互压和坝体湿陷固结等作用，使所有与浆脉连通的裂缝、洞穴、水平砂层等隐患得到填充、挤压密实，形成竖直而连续的浆体帷幕，改善坝体的应力状态，增加坝体的渗透稳定和变形稳定。

劈裂灌浆法通过在坝内构筑一道沿坝轴线分布的浆体连续泥墙，达到土坝防渗和加固的目标。土坝劈裂灌浆技术应用在病险土坝的加固上，具有工艺简单、施工期短、工程造价低等优点。

病险土坝的防渗加固技术中，灌浆技术采用只"堵"不"排"的方法，而土工膜防渗加固技术在防渗体结构中采用膜上堵水、膜下排渗水技术，两者相比，土工膜防渗加固技术正确地处理了土坝坝体积水"堵"与"排"的关系。从防渗材料上看，前者采用了透水的泥浆，后者则采用不透水的土工膜。

## 二、实用性

土坝劈裂灌浆防渗工程是隐蔽工程，土坝经灌浆后所形成的浆体连续泥墙防渗的可信度低，由于土坝的土体、土壤质地不均匀，灌浆时坝内可能形成一条既高又宽的大面积缝，且土坝浸润线以下的土体已由建坝时的固相、液相和气相转化成固相和液相，因坝内气相已被水充满，难以灌入足量的泥浆，导致灌浆技术的防渗效果差。国内在土坝病险库的治理中采用此类灌浆技术达不到除险加固

的目标，因此转为利用土工膜防渗技术。

### 三、明确提出应达到的水利科学技术指标

在"土坝土工膜膜上防渗隔水、膜下排水的防渗机理"及"根治病险土坝和预防新建土坝产生新的病险库"实用技术中，明确提出防渗工程竣工后要达到的技术指标，有以下几点：

（1）水库蓄水后，病险土坝坝面与膜间应无水层。

（2）土坝采用土坝土工膜膜上防渗隔水、膜下排水的组合防渗体后，防渗土工膜把库水阻拦于膜上，土坝迎水坡只承受水压力，而坝体内不产生库水对坝体渗水的渗透破坏，使水平水压力在坝内不产生浸润线，土坝的渗漏量极大地减少。

（3）达到有险除险、无险加固的目标。

（4）脱去原来病险库的帽子。

（5）阻止新建土坝产生新的病险库。

上述这些土坝防渗技术所达到的指标是灌浆法，是迎水坡夯填黏土斜墙法及土坝土工膜防渗技术"二布一膜"式的防渗法所不能比拟的。

例一：福建省福清市土坝坝高 38.3m 的犁壁桥水库，水库建成后背水坡大面积湿坡，曾采用黏土斜墙防渗法和灌浆法进行防渗加固处理，事后经观察土坝背水坡仍出现大面积湿润现象，土坝存在的滑坡和渗透破坏导致的安全隐患仍未消除。

例二：福建省沙县土坝坝高 14.5m 的无锡坑水库，水库于1994 年建成，水库建成后无法蓄水，放水涵管及坝底管漏水，经现场检测找到原因：一是关闭放水闸门，并于闸门上蓄水 1.0m时，涵管会漏水，流量是 $0.0166 \sim 0.02115 \mathrm{m}^3/\mathrm{s}$，即一天漏水2400$\mathrm{m}^3$，一年漏水 87 万 $\mathrm{m}^3$，而无锡坑水库上游的集雨面积，多年平均的年来水量仅 30.4 万 $\mathrm{m}^3$。二是在土坝迎水面坝踵开挖中发现，土坝迎水面是建在深 1.4m 左右的烂泥田上，是一个豆腐渣工

程。1999 年某水电工程处土坝机械灌浆工程队承包了该水库的除险加固工程，采用的是土坝灌浆法，经多日造孔灌浆，终因灌入的泥浆在土坝背水面坝基上形成一层厚厚的泥层而宣布失败，主管部门也宣布该水库报废。

# 第二章 根治管前病险水库土坝土工膜的防渗加固工程的设计

## 第一节 工程概况

福建省沙县管前水库位于沙溪支流上，大坝为薄斜墙、薄心墙多种土质坝，坝高 17.5m，坝顶长为 80m，集雨面积 0.41km²，总库容 12.5 万 m³，设计管灌水田 0.23km²，喷灌柑橘 0.2km²，并供应全村千人的饮用水。水库始建于 1985 年，于次年 12 月竣工并蓄水运行。

## 第二节 土坝湿坡成因的分析与处理

管前水库原设计坝型为均匀土质坝，因库区中壤土土料缺乏，土场内又掺有大量砂质土，经初步测定，该砂质土为含量大于 71.3% 的强透水性土壤，其渗透系数 $K=0.024\text{m/d}$。为此，施工时在填到坝高 5.5m 以后改原坝型为薄心墙、薄斜墙多种土质坝，坝体主要靠坝轴线 3～4m 厚的心墙防渗。心墙前的迎水面采用砂质土与黏壤土的混合料，心墙后的背水面采用砂质土。土坝土料的压实质量经取样试测得：195.30～199.08m 高程填土厚度实际为 16～20cm，而振动碾压机对相对增加的铺土厚度碾压遍数不增加，结果心墙处干容量 $r=12.4\text{kn/m}^3$，心墙外砂质土 $r=14.8～15.8\text{kn/m}^3$，心墙、斜墙处的黏性壤土实际上呈现疏松状态，它对坝体的防渗作用弱，致土坝建成蓄水后背水坡 195.50～199.08m 高程长期湿坡，湿坡面上出现多股细小的渗流。经实测，当库水位达 206.00m 时，湿坡段总渗漏量达 0.027L/s，直接威胁到大坝的安全。1995 年冬，在土坝迎水面进行黏土壤灌浆防渗处理，但由于灌浆工艺落后，灌浆防渗技术处理失败。

## 第三节 土工膜膜上防渗隔水、膜下排水是根治或预防病险土坝的最佳技术方案

近年来，土工膜防渗加固技术已在土坝除险加固技术中得到广泛推广和应用。自 1990 年后，福建省已用土坝土工膜防渗技术方案基本取代了传统的诸如土坝坝体灌浆、土坝迎水坡贴黏土防渗、土坝背水坡开导渗沟等技术方案。

土坝经铺设土工膜后，不一定都能达到好的防渗效果。土工膜在土坝防渗体中能否真正地发挥防渗隔水的功能，取决于是否采用了合理有效的防渗技术方案，只要技术方案合理就一定能达到土坝除险加固的目的。反之，如果防渗工程技术方案有欠缺，如四川省在防渗工程中推广的"二布一膜"式防渗方案，其"二布一膜"式的防渗体由混凝土预制板（或干砌块石）、土工布（或土料保护层）、土工膜、土工布组成。其优点：一是防止土工膜被坝面尖石刺破，排除膜下液体、气体顶破或机械力对膜的损坏；二是发挥土工布的排水、透水功能，提高膜与土工布、土工布与土坝坝面的摩擦力，以利于防渗体的稳定。这类防渗体的缺点是膜下不设置排水系统，从而大大影响了防渗工程的防渗效果。当库水透过膜上土工布后，因多种因素渗水穿过土工膜的渗漏孔隙，并在土工布与土坝坝面间形成一薄水层，这一淤积水层的高低，即坝前产生渗透破坏的水压力大小，决定了防渗工程实施后病险土坝内浸润线的高低，将影响防渗工程的成败。在福建省少数病险土坝的除险加固和四川省病险土坝土工膜防渗加固工程中，由于采用了落后的膜间纵向水平缝的粘接工艺，其搭接的膜间必会出现漏水通道，而设计的土工膜却是一堵不透水斜墙，若这堵斜墙透水时，那么这个防渗工程就

8

是失败的。福建省的个别水库也曾因为纵向土工膜间的接头处理不当，导致防渗工程失败而返工。

由于病险土坝坝底土壤抗剪强度低，难以在坝底设置排水管把渗水排出坝外，所以国内的防渗体内大都没有设置膜下纵、横向的排水体系，导致水库蓄水后，土工膜与坝面间的淤积水层长期浸渍砂垫层，在防渗体中两抗滑槽间坝面上的砂逐渐向下层排水沟方向沉积，使土坝迎水面坡段上部的膜下垫层砂被淘空，这一状况将有可能引起土工膜被坝面尖石刺破或土工膜过大变形而产生破损，从而导致防渗工程失败。

## 第四节　膜上防渗隔水、膜下排水的土工膜组合防渗结构体的设计和计算

如何采用一种既可靠又经济合理的防渗体结构型式是土坝土工膜防渗加固工程的一个重要课题。为了避免土坝土工膜防渗技术盲目发展，减少由此带来的损失，笔者在总结以往病险土坝利用土工膜防渗技术的经验和教训的基础上，提出土坝土工膜膜上防渗隔水、膜下排水的防渗体结构型式（见图3）。它由垫层、薄膜层、防渗过渡层和保护层四部分组成。保护层和防渗过渡层位于膜上，垫层位于膜下。

管前病险库采用的土工膜防渗结构体依次由2cm厚水泥黏土砂浆防护层，10cm厚粗砂及10cm厚细砂排水垫层，厚0.3mm、宽6.0m聚乙烯（PE）土工膜防渗层，土工布保护层，50cm厚夯填土第一道防渗过渡层及土工膜防老化保护层，土坝干砌块石（包括片石垫层）防浪护坡层组成的膜上防渗隔水、膜下排水的土工膜组合防渗体结构。

正确选择防渗体结构垫层、过渡层的材料和厚度是土坝防渗成败的关键。土工膜上的保护层的最小厚度不仅应满足抗老化，在人

畜践踏、风浪冲刷的情况下不受损坏等条件，还应保证膜料不破损，膜在坝体上能保持稳定。

## 一、垫层的选择

国内的防渗体膜下垫层材料一般采用土工织物、砂、砂卵石或把土工膜直接铺在原土坝的坝面上。管前水库采用中砂、细砂为垫层是由于以下几个原因：

（1）水库下游沙溪砂源丰富又距水库近，铺放单位面积的中砂、细砂垫层比铺土工布省钱。

（2）土工膜设计理论假设的条件是膜与接触的颗粒垫层必须是圆浑的。

（3）垫层应适应土工膜受力后的变形并随之变形，使 PE 膜不易破损。

（4）增大砂与膜间的摩擦力，以利于防渗体及膜的稳定，即使土工膜铺于坝面形成一堵抗穿孔能力强又整体性强的防渗斜墙。

（5）粗、细砂垫层排除了土工膜与坝面间的淤积水层，是防渗体中膜下纵向排水系统中的一个重要组成部分。

在土坝土工膜防渗工程中，当水库蓄水后，这些渗水就淤积在土工膜下的土坝迎水坡前，并形成一薄水层，这一渗水层的处理关系到土工膜的防渗工程的效果。为此，在防渗体的设计中，在膜下建立一套完整的纵、横向排水体系，把渗水排出坝外是最为关键的一项技术。

## 二、防渗层膜料的选择

### 1. 宽幅聚乙烯（PE）土工膜的特点

宽幅聚乙烯（PE）土工膜是土工合成材料，包括土工布和土工膜，是近年发展起来的一种新型土木工程建筑材料。福建省土坝除险加固工程中应用最广的防渗膜料有土工膜、复合土工合成材料和土工布三种，而土工膜还分 PVC 复合土工膜、防水复合柔毡、宽幅聚乙烯（PE）土工膜三种。PE 膜是以聚乙烯塑料为主，掺入部分抗紫外线、抗氧化剂加工而成的，是透水性很小的高分子聚合物薄膜在水利工程中应用，水利行业称其为土工膜，土工膜能大幅度提高防渗工程的防渗效果。在土坝的除险加固工程中，它的主要作用是截渗隔水。土工膜与传统的防渗材料相比不仅具有重量轻、储运方便、施工简易、用工量少、铺设工期短、幅宽大、接头少、整体连续性好、抗拉强度高、抗撕裂强度高、抗顶破强度高、抗刺破强度高、抗腐蚀、质地柔软伸展率大、适应变形能力强、与膜下垫层能很好地结合等特点，而且价格低、容易焊接、使用寿命长，因此成为根治病险土坝理想的防渗材料。根据全苏水工科学研究院的实验成果，厚 0.25mm 的土工膜铺在较好的砂卵石垫层上，可承受 200m 的水头而不破损。由于 PE 膜应用于坝工防渗加固工程既安全可靠又经济合理，因此 PE 膜受到国内水利工程界的普遍重视。

**2. 土工膜的多种功能**

土工膜是不透水的防渗材料，与灌浆机理中采用泥土这种透水的防渗材料相比，能大幅度提高病险土坝的防渗效果，只要应用得当，还能发挥土工膜的多种功能：

（1）防渗功能。即利用土工膜阻截库水渗入土坝。

（2）隔离功能。改变土坝受力的不利生态，使土坝的迎水坡不产生滑坡，增强防渗体的抗滑稳定性：防渗体中利用铺放于土坝迎水面的土工膜把库水隔开，从而形成土工膜的迎水面是水库的水、土工膜的背水面和原土坝迎水坡上的砂垫层间无水层。土坝内不存在水压力对土坝的渗透破坏，坝内也不产生水平水压力引起的浸润面（这里不计入坝基浮托力产生的浸润面），病险土坝坝体内的土壤逐年干化，由于库内水压力直接传向防渗体，所以库内水压力有利于设计防渗体的抗滑稳定性。

（3）防护功能。土工膜下设置的纵、横向排水系统能安全地把水库的渗水由坝基排出坝外。

（4）使失败的防渗加固工程成为防渗效果明显的工程。

（5）它是产生"土坝土工膜膜上防渗隔水、膜下排水防渗机理"的载体，没有土工膜这种材料的多种优异性能，就不会产生该机理，该机理又是指导病险库的防渗工程和新建土坝制定最佳技术方案的理论基础。

1992年国家科学技术委员会把土工合成材料（包括土工膜）在水利、公路、建筑领域中的应用技术项目列入"国家科技成果重点推广计划"。

### 三、过渡层（包括膜上第一道防渗层）的选择

在病险土坝的土工膜防渗加固工程中，过渡层由一层土工布和土工布上夯填的0.5m砂质黏土两部分构成，这是因为：

（1）管前水库四周有丰富的含砂量大于71.3%、渗透系数$k=0.024m/d$的强透水性的砂质黏土。在防渗稳定性设计中，首先应保证土坝迎水坡的稳定，其次要求块石护面和膜间的过渡层要稳定。这就要求过渡层要有一定的透水性，即过渡层的土料既不能太黏又不能太厚，以适应库水位骤降对防渗体稳定的影响。防渗体失稳的最不利情况出现在库水位降落时，尤其是库水位从最高蓄水位骤降到死水位时，此时，过渡层的土料处于饱和状态，由于土内饱和水下渗，从而产生渗透水压力，若过渡层土料透水性差而PE膜表面光滑，则膜与土料接触时抗剪指标低，这就存在着过渡层沿PE膜滑动的危险。当土坝的内坡越陡，这种危险就越大。

（2）土工布与过渡层夯填土土料间的摩擦系数比土工膜与防渗层夯填土土料之间的摩擦系数大得多，这对防渗体中第一道防渗层在库水骤降时的稳定有利。

（3）土工布具有透水和滤水的功能，它既能保持膜上填土的土粒不流失，又能起到膜下排水通畅的作用，而干净的渗水对坝基

纵、横向排水集水管的安全排水有利。

（4）过渡层夯填土的碾压机械是蛙式电动打夯机，施工人员万一不小心用铁夯板打到土工膜，那将损坏膜料的防渗功能，所以在膜上铺放一层土工布作为保护很有必要。土工布为土工膜提供高强度的保护作用，使膜不受机械力的损伤。

（5）过渡层的夯填土土料阻隔了阳光中紫外线的伤害，延缓了土工膜老化的进程，延长了埋于土中的土工膜的使用寿命。

土工膜的抗老化性能是水利工程技术人员最为关注的。影响土工膜寿命的主要因素为阳光中的紫外线的照射，其次为化学剂的腐蚀、低温及回填防渗层时蛙式电动打夯机产生的机械力的破坏。据调查，如果土工膜埋于土中或浸在水中不受阳光的照射，其使用寿命可达 50～100 年。

## 四、保护层的选择

在根治管前病险水库的过程中，为防止过渡层夯填土受到风浪的冲刷产生滑坡，危及防渗体的稳定，在第一道防渗体的坡面上必须干砌块石护坡或衬砌混凝土板护坡。管前水库除险加固前，土坝迎水坡砌 0.55m 厚的块石，据此，这次除险加固时拟定回砌0.35m 厚的块石，块石下垫 0.15m 厚的片石作为防浪层。

## 五、土工膜厚度的计算

铺在土坝迎水坡砂卵石、砂或土颗粒上的土工膜，当受到水压力荷重时，膜将向颗粒间的孔隙压陷。水压力越大，膜压入颗粒间的孔隙就越深，膜的张力就越小，过大的水压力会使膜被过度拉伸而变薄，严重的会引起膜破裂。所以在土工膜防渗工程的设计中应把土工膜的抗拉强度作为一个最重要的力学指标。

土工膜在土坝防渗加固工程的设计应用中，目前还缺少较为完整统一的设计理论，在水工建筑物应用土工膜防渗的工程中，土工膜厚度的计算方法很多，但土工膜的厚度常用近似公式或经验公式来确定，因而存在安全性和经济性的问题。近年来，我国推广的薄膜理论推导出铺在颗粒地层上的土工膜的厚度，即根据防渗工程所采用的不同厚度分级土工膜的应力应变试验曲线与薄膜理论公式计算曲线交会法推求土工膜的厚度。管前水库应用 0.3mm PE 膜防渗，由于缺乏 PE 膜的抗拉强度试验资料，故采用 1987 年苏联出版的《土坝设计》一书中聚合物膜厚度的计算公式：

$$t = 0.586\sqrt{pd}/\sqrt{[\delta]}$$

式中：$t$——PE 膜的厚度（mm）；

$\quad\quad p$——膜承受的水压力；$p = 1.5\text{kg/cm}^2 = 0.147\text{MPa}$；

$\quad\quad d$——土工膜与砂垫层接触中砂颗粒最粗粒组的最小粒径，取 $d = 0.8\text{mm}$；

$\quad\quad \delta$，$[\delta]$——PE 膜的抗拉强度，允许抗拉强度；

$\quad\quad$强度：$[\delta] = \delta/k$，其中 $k$ 为应力安全系数，根据苏联全苏水研究院的建议，土工膜的允许拉应力采用极限拉应力的 1/5，即 $k = 5$。

对 0.3mm 厚的 PE 膜，$\delta = 134.2\text{kg/cm}^2 = 13.165\text{MPa}$，$[\delta] = \delta/k = 13.165/5 = 2.63\text{MPa}$。

$$t = 0.586 \times \sqrt{0.147 \times 0.8} \div \sqrt{2.63} = 0.111 \ (\text{mm})$$

式中：计算的膜厚 $t < d/3 = 0.8/3 = 0.27\text{mm}$，则采用 $d/3$。

上述计算是根据苏联半经验公式推求土工膜的厚度，虽然不完全符合薄膜理论，但它说明了小（二）型水库土坝底部铺上一层 0.11mm 厚的 PE 膜就能满足土坝的防渗设计要求。经过计算，既明确了安全系数的概念，又令 PE 膜防渗的可靠性有了充分的依据。

根据承受的水头和支承膜料的垫层粒径等条件确定的半经验公式计算得出的膜厚，只考虑与膜接触的颗粒是圆浑的，而没有考虑铺膜时的施工荷载、抗老化问题及与膜接触颗粒的尖锐棱角，所以计算得出的膜厚为最小界限值。

## 六、抗滑稳定性的计算

### 1. 假设夯填土防渗过渡层与防渗土工膜间产生沿膜滑动

防渗体失稳的最不利情况出现在库水位降落时，尤其是库水位从最高蓄水位骤降到死水位时，过渡层的土料处于饱和状态，由于土内饱和水下渗，从而产生了渗透水压力。此时，如果过渡层土料透水性差又没有设置膜下排水措施，则过渡层内的浸润线与库水位不会同步下降。同时，由于 PE 膜表面光滑，膜与土料接触时抗剪指标低，摩擦力小，这就存在着过渡层沿 PE 膜滑动的危险性。当土坝的内坡越陡，这种危险性就越大。

本工程中，土工膜下设有纵、横向落水排水措施。当库水位骤降时，只考虑过渡层是否沿膜滑动。此时，膜与砂质土过渡层接触面的抗滑安全系数按下式计算：

$$K = r \cdot A \cdot f \cdot \cos a / r \cdot A \cdot \sin a = f / \mathrm{tg} a$$

式中：$r$——过渡层砂质土和保护层干砌块、片石平均的湿容重；

$A$——过渡层的体积；

$a$——迎水坝面坡的角度；

$f$——膜与过渡层砂壤土的摩擦系数，$f = 0.3$；

则 $k = 0.3 \times \mathrm{ctg} 26.5° = 0.6 < [k] = 1.2$。

根据管前水库迎水坡坡比 $m = 2$，经计算得出防渗体会顺膜滑动，需采取抗滑措施。本工程在迎水坡坡面上每隔垂距 3.0m，结合膜下纵向排水沟设置一道深 0.6m 的齿槽式抗滑槽（见图 1、2、3、5 所示）。可利用抗滑齿槽下游面土体、垂直于槽间的被动土压力 $P_b$，提高防渗体的抗滑稳定性。土坝迎水坡经开挖抗滑槽后，PE 膜与过渡层接触面的抗滑安全系数：

$$K' = (P_b + S_i) / T_i$$

式中：$P_b = r \cdot h^2 \cdot Kp / 2 + 2 \cdot c \cdot h \cdot \sqrt{Kp}$

$S_i = W \cdot \cos a \cdot f$

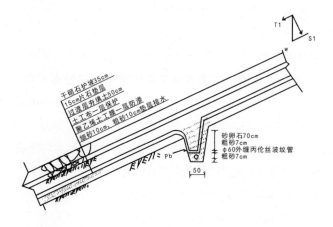

图5 防渗体及抗滑齿槽稳定性计算受力示意图

$$T_i = W \cdot \sin\alpha$$

式中：$h$——受力面抗滑齿槽深，$h = 0.6\text{m}$；

$Kp$——被动土压力系数，$Kp = \text{tg}^2(45° + \phi/2) = \text{tg}^2(45° + 28°/2)$

$= 2.77$（$\phi$ 为坝体土料的内摩擦角，$\phi = 28°$）；

$C$——土坝壤土凝聚力；$C = 2\text{kN/m}^2$

$W$——两抗滑槽间的膜上保护层及过渡层的重量；

$W = rA = 1.74 \times 3.0 \times \sqrt{5} \times (0.35 + 0.15 + 0.5) \times 1 = 10.51\text{t} = 105.1\text{kN}$

$T_i$——过渡层和保护层的下滑力；

$S_i$——阻滑力。

所以 $P_b = 1.75 \times 0.6^2 \times 2.77/2 + 2 \times 0.2 \times 0.6 \times \sqrt{2.77} = 1.27\text{t} = 12.7\text{kN}$

$S_i = 105.1 \times 0.8946 \times 0.5 = 47\text{kN}$

$T_i = 105.1 \times \sin 26.5° = 46.9\text{ kN}$

$K' = (12.7 + 47)/46.9 = 1.27 > [k] = 1.2$

辅设阻滑措施后，根据防渗体稳定核算说明拟定的抗滑槽间的垂距及抗滑槽的深度符合稳定设计的要求。

防渗体及抗滑齿槽抗滑稳定性计算受力示意图，见图 5。

**2. 假设防渗体沿土工膜与膜下细砂垫层的接触面滑动**

根据土工膜与过滤层接触面的抗滑稳定计算，设计的防渗体夯填土防渗过渡层会产生沿膜滑动，各种材料接触面间的抗滑稳定安全系数 $K$ 与接触面材料、土坝迎水坡的坡度有关。在管前病险土坝利用土工膜设计的除险加固设计中，考虑了以下几点：

（1）应尽量利用原有土坝迎水坡 $m = 2$ 的稳定坝坡设置防渗体。

（2）在 PE 膜上设置一层土工布，改变接触面的材料，当土工膜与过渡层的土料接触时其产生的摩擦系数小，而土工布与过渡层的土料接触时其产生的摩擦力大。

（3）过渡层的砂壤土要有一定的透水性，以适应库水位骤降引起过渡层和整个防渗体的稳定，这就要求过渡层的土体不能过黏、过厚。根据国内的土工膜防渗经验，取砂壤土填料时第一道防渗层的厚度以 0.4～0.6m 为宜。

（4）在土坝迎水坡面上开挖水平齿槽（它也是膜下土工膜排水系统的排水沟），把土工布和土工膜一起嵌入防滑槽底（排水沟），再回填砂滤料，这种防滑措施使土工布、土工膜、砂石料嵌入坝体之间的联结增强。同时，增加了防滑齿槽中各个界面间因黏合产生的黏合强度，有利于倾斜的土坝迎水坡土工膜防渗体的稳定。

（5）采用膜上防渗隔水、膜下排水的组合防渗结构体，有利于土坝迎水坡的抗滑稳定。

管前水库在根治病险土坝时采用该防渗新技术，将使土坝的迎水坡无水层，土坝内的浸润线降至坝底，迎水坡不滑坡。

## 七、膜下纵、横向排水设计

根除病险土坝，采用膜上防渗隔水、膜下排水的土工膜组合防渗结构体作为坝体的防渗技术时，膜下设置的纵、横向排水系统是有别于国内其他防渗体的关键。

### 1. 利用土工膜新材料作为防渗体中防渗与排水的隔水墙

在根治病险土坝的工程中，采用土工膜组合防渗体，其膜上隔水防渗，膜下为一套完整的纵、横向排水系统。

### 2. 推广外缠丙纶丝有孔 PVC 波纹管新材料

作为防渗体排水沟中的纵向排水暗管，其优越性在我国大面积的土壤改良工程中已被证明。

### 3. 防渗体结构中的膜下排水沟设计新颖

在管前病险土坝土工膜防渗加固工程中，在膜下原坝面迎水坡的坡面上垫粗砂 10cm、细砂 10cm 作为垫层，这一大面积透水性好的垫层是膜下排水的主体。同时，在土坝迎水坡上，每隔 3.0m 左右垂距，分别设置五道自成排水体系的排水沟槽。即防渗工程膜下土坝坝坡上的排水体系由五个部分组成，从下往上按高程排列依次为△10.00～△14.00、△14.00～△17.00、△17.00～△20.00、△20.00～△23.00、△23.00～△26.00 五个梯级。水库蓄水后，当坝面上两个相邻的排水沟间出现险情，例如土坝坝后的渗漏量突然变大时，从当时库水位与渗漏量的关系曲线中就能查出险情发生的准确位置，通过工程管理措施能随时掌握防渗工程的动态变化，及时处理紧急的险情，由于这个险情出现于两个排水沟之间，因此它不影响整个土坝防渗体的安全运行。

防渗体中膜下纵向排水沟槽的膜上部分为防渗体抗滑槽，膜下部分为纵向排水沟，沟槽总深为 0.78m，其中膜上抗滑槽内 0.6m 深以砂卵石回填，膜下纵、横排水沟底纵坡为 5%～8%，沟底铺 6cm 粗砂后在沟中心放置 φ60 外缠丙纶丝有孔波纹管作为排水管，

18

再在管上盖 6cm 粗砂后铺土工膜和土工布。当水库蓄水后，膜下防渗体中的各级排水沟产生的膜下渗水通过沟中的纵向排水暗管流出，沿山坡与土坝交接处设置的横向排水集水管排入坝踵膜下纵横向排水集水池中，再由坝基 φ120 横向排水集水管把渗水排出坝外。抗滑槽结合膜下排水系统布置（见图 1～4 及图 6），这种把抗滑槽和膜下纵、横向排水系统合为一体的防渗体结构，使防渗体在坝上的布置更趋于合理。这一防渗体结构中，土工布和土工膜一起被埋设在排水沟底，再在土工布的上部回填砂卵石压载，这样一来，防渗体的抗滑稳定性大大增加，土坝的安全系数大大提高。

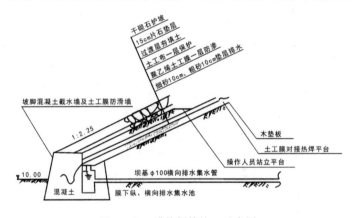

图 6　土工膜热焊接施工示意图

## 第五节　膜与周边的衔接

土坝土工膜防渗体与坝踵、岸坡周边的衔接处理必须有严密的止水措施，必须在坝踵及岸坡衔接处的底部开挖锚固截水槽，锚固截水槽的底部基础必须是不透水层。若防渗土工膜与周边衔接止水的处理不可靠，库水就会绕道渗入土坝中，影响土工膜的防渗效果。

## 一、 防渗体铺膜的范围

防渗体中防渗层土工膜的铺膜范围是否合理，周边的止水措施是否有效，关系防渗工程的成败。管前病险土坝坝面的防渗体中的土工膜铺膜：上自土坝设计洪水位的上端固埋沟，下至坝踵混凝土截渗沟，土坝两侧的山坡与铺膜的界面均设置固埋沟，土坝两侧坝肩截渗沟开挖至不透水层后把土工布与土工膜埋入，再回填混凝土止水防渗，保证防渗体的膜料铺盖整个坝面，使土坝的迎水面形成一堵不透水的防渗斜墙。

## 二、 膜与迎水面坝踵混凝土截渗沟的衔接

土坝的坡脚是防渗体的基础，也是水压力、滑动力最大的部位，土坝迎水面坡脚坝基上的混凝土截水墙是土坝中防止地基渗漏的一个重要设施。PE 膜虽是一种不透水的防渗材料，但还须配合可靠的周边止水措施，才可避免水库蓄水后水从坝体上游面渗入膜下而引起坝体渗漏。为此，必须把 PE 膜和土工布一起埋入截水墙的顶部，以形成一堵从坝底至设计洪水位间坝面的不透水斜墙。PE 膜、混凝土截水墙与膜下防渗体以及膜下纵、横向排水体系联合崁固在一起，使防渗体更稳定、防渗效果更好，其型式见图1～图3所示。

## 三、 膜与土坝两侧山坡的衔接

两侧斜交于坝轴线的固埋沟（也叫结合槽）主要起到固结止水的作用，当库水位升高时，在水压力的作用下，周边的渗水渗入膜下将顶托起 PE 膜，影响防渗体的防渗效果。管前病险库防渗加固工程中，其防渗体左侧与岸边的衔接方式，采用在不透水的土基上开挖 0.8m 深的梯形固埋沟，再将土工布和 PE 膜埋入沟内，膜与沟底的交接处先以混凝土回填，再回填黏性土夯实。在土坝的右

侧，结合膜下纵、横向布置如图 4 形式的排水固埋沟，即在膜与山坡交接的土基上开挖 0.3m×0.78m 的固埋沟，把土工布和土工膜伸入沟内。沟内埋设直径 100mm 的 PVC 横向排水集水管和直径 60mm 的纵向排水暗管，并以混凝土回填。

## 四、膜与上端固埋沟的衔接

上端固埋沟处在铺膜坡面的末端，位于设计洪水位高程，在膜与土坝接触处开挖 0.2m×0.2m 的固埋沟，并把土工布和土工膜伸入沟内 20cm 处，再以混凝土回填止水。

# 第三章　病险土坝土工膜膜上防渗隔水、膜下排水组合防渗体结构的施工工艺

在病险土坝土工膜防渗加固工程中，要取得防渗工程的成功，不仅要依靠好的工程设计，还必须结合好的工程施工，施工中应尽量保证土工膜完整不被破坏，这是防渗工程施工的核心问题。

## 第一节　坝面铺膜的施工工序

管前水库病险土坝土工膜防渗体的铺膜施工工序如下。

### 一、设置坝基混凝土截水槽

依病险土坝土工膜防渗加固工程设计图开挖坝踵坡脚混凝土长方形截水墙基槽（见图1、图3），基槽深1.0m、宽2.6m，长为坝底宽40m，并在槽内回填150#混凝土。混凝土槽的内侧因为土坝右侧山坡埋设坝坡φ100横向排水集水管，该集水管汇集膜下四道纵向集水沟的膜下渗水后排入膜下纵、横向排水集水池，鉴于此，膜下0.5m×0.4m×0.6m断面的坝基纵、横向排水集水池设置于右坝坡φ100横向排水集水管下端的地基下部（见图1～图3）。

### 二、设置防渗体的第一道集水排水沟

排水沟位于坝踵坡脚混凝土截水墙体的顶部，长40m、宽0.5m、高0.6m。施工时，在排水沟底部回填0.3m高2～4cm粒径的石子，沟的上部回填0.3m厚1～2cm粒径的石子。该排水沟把1：2.25土坝坝坡上的膜下（即坝坡面长约40m、高3.0m）产生的渗水汇集并向右排入坝基膜下纵、横向排水集水池，这种排水沟的水平排水型式有别于土坝坝坡内四道暗管的排水形式，其顶部

与原土坝防渗体的砂垫层的衔接是防渗体膜下建立的一套完整的排水系统中的一个组成部分（见图3）。

## 第二节　土工膜的铺设及膜间接缝的施工工艺

### 一、平整铺膜坝面

管前水库在未实施除险加固工程时，土坝的迎水坡采用干砌块石护坡防护。在防渗体施工中，首先应把两排水沟间的坝面块石、片石翻拆清除干净，再平整坝面，把坝面上的石片、石渣、树根等有棱角的杂物清除干净，以防土工膜被刺破。在防渗工程的施工中，首先应以设计图中膜下排水沟（兼抗滑槽）的高程和在平面上的大小、位置为界，由下而上逐级拆除干砌块石，并削坡和开挖水平沟槽。

### 二、铺膜施工

按从下至上的顺序铺膜。由于管前水库选用幅宽 6.0m 的 PE 膜，施工时，土工膜及膜上的土工布伸入混凝土截水墙的顶部将截水墙的顶部作为第一张土工膜铺膜的起始点。

### 三、铺膜施工程序的规范

铺膜施工程序的规范，是保证 PE 膜完整不被损坏的关键。在铺膜施工中，施工人员应穿胶底鞋，在工地上把同一张膜按膜间上、下层铺膜平面的形状剪成一张梯形的膜，并把它顺坡铺放于坝面防渗体的砂垫层上，铺放时应保持一定的松紧度，不能把膜拉得太紧。施工时如发现土工膜有破损，应及时修补。土工膜铺好后，应及时铺放一层土工布作为保护层，中间不宜让太阳光照射太久时间以防 PE 膜老化。

## 四、土工膜膜间连接方式及焊接法的选择

两片土工膜间的连接过程中，土工膜两基面的密切贴合是核心环节，关系到防渗加固工程的成败。在防渗体中，防渗材料选取不透水的宽幅聚乙烯（PE）土工膜，在PE膜间的连接方法的选用上尚须与焊接法相结合，二者缺一不可。

### （一）土工膜的膜间连接方式

PE膜是以聚乙烯塑料为主要原料，掺入部分抗氧化剂、抗紫外线剂经加工制成的，其膜间的连接方法以采用焊接法为宜，其他粘接法、搭接法、埋接法均不宜采用。

聚乙烯土工膜是一种难以粘接的膜料，福建省曾经有多个病险水库采用801强力胶粘接0.3mm的PE膜，其接头虽有一定的黏合强度，但其剥离强度达不到设计要求，而且随着使用年限的增加，膜间粘接处的粘胶逐渐失效，可能引起接头脱离，从而导致防渗体土工膜失去防渗效果。福建省多个病险水库就曾因采用这种膜间粘接法，导致土坝土工膜防渗加固工程失败而不得不返工。

### （二）焊接法的选择

用焊接法连接膜料，一般采用焊枪焊接法和电熨斗热焊法两种。为确保膜间焊接的质量，首先必须做好焊接面施工场地的整理工作。

#### 1. 焊接面施工场地的整理

在病险土坝的土工膜工程施工中，当砂垫层回填至两膜对接处时，应停止垫层的施工，接着扒平砂垫层，从而形成一条约89cm宽的土工膜对接热焊平台，并在焊接线之下、细砂垫层之上放置20cm宽的木板作为膜料焊接施工的膜垫板。同时在土坝防渗体与膜料焊接平台之下约50cm高处设置一焊工站立操作平台，这个平台位于防渗体的第一道防渗过渡层中（见图6）。

## 2. 用焊枪焊接两片土工膜

在工地上，膜间焊接工作由焊工与膜料贴合压实工两人组成，焊工手持焊枪对膜料的接缝进行焊接，膜料贴合压实工则手持宽15cm带柄的硬橡胶滚筒作为压实工具，压实焊接面。由于焊枪能把两膜的贴合面加热至熔化，从而使两片0.3mm厚的土工膜熔化成一片0.6mm厚的防渗膜，膜间的这种拼接法不仅提高了膜料的强度，而且接缝不漏水。

## 3. 电熨斗热焊

工地上的膜间焊接工作，由焊工手持电熨斗对膜料的接缝进行热焊，电熨斗底部产生的热能使两个膜熔化并紧密地黏合在一起，其接头可靠且接缝处不漏水。

## 4. 焊接施工前的拼接实验

采用焊枪焊接或电烫斗热焊焊接都要进行前期的拼接实验，经拼接后的焊缝要再用浸水法做试验，以确保膜料间的抗拉强度高、剥离强度高且不漏水，并把得到的经验推广到管前根治土坝病险水库工程中，应用于膜上防渗隔水、膜下排水的土工膜组合防渗体结构中。

# 第三节 ZT-32非开挖铺管钻机在病险土坝除险加固工程中的应用

病险土坝底部因兴建期间土体碾压的质量差，土体内存在大量孔隙，当土坝蓄水后，这些孔隙便充满水，从而导致坝体的抗剪强度低。在病险水库除险施工时盲目地采用"满堂红"式的方法，破腹开挖管道小洞，这种方法容易引起洞顶塌方，而清除洞内塌方不仅危及民工的生命安全，且由于烂泥不易清除，当每日的塌方泥浆量大于每日清除塌方的泥浆量时，终将造成土坝报废。利用非开挖铺管钻机钻长60~80m的孔洞并利用该钻机铺上设计$\phi$120管道，这项新工艺解决了人工难以在坝底造孔并铺设坝基横向排水管的问题，同时，这项新技术的推广和应用必将加快我国数以万计病险水库的治理进程。当坝基膜下纵横向排水集水池定位后，经经纬仪定位并测定钻孔高程，钻机即可按集水池、钻机及坝基横向排水管的水流的 0.6％坡度定位钻孔，铺管施工工序便可一气呵成。

# 第四章 土坝土工膜防渗工程安全监测设备的埋设

在我国的小型水库中，土坝约有 8 万座。在这些水库中，尤其是库容在 10 万 $m^3 \sim 100$ 万 $m^3$ 的小（二）库土坝，大都设计标准低，工程质量差，易老化。虽经多年的维修加固，仍然有些在运行中的土坝存在着不安全因素。所以在土坝中埋设监测设备，对土坝的安全运行具有十分重要的意义。

## 第一节 坝身浸润线管的埋设、浸润线观测资料的收集与分析

### 一、坝身浸润线管的埋设

在病险土坝土工膜防渗加固工程中，防渗体采用膜上防渗隔水、膜下排水的土工膜组合防渗结构体，工程竣工后土坝均须埋设浸润线观测管。浸润线观测管埋设于土坝最大坝高处的断面，埋设 1~2 排，每排埋设 3~4 支。

### 二、浸润线观测资料的收集与分析

小（二）型水库一般无水工观测等技术资料，在兴建期间一般缺乏严格的规章制度，无工程施工记录、无隐蔽工程验收资料、无工程竣工验收报告，这就给土坝竣工后的工程管理带来了很多的后遗症。在水库土坝的工程管理中，根据观测时间、水库水位及浸润线水位，绘制库水位与浸润线水位的关系曲线，分析关系曲线，能够及时发现险情。由于土坝坝身的浸润线水位是由水库蓄水位和坝基浮托力共同形成的，当病险水库采用土坝土工膜膜上防渗隔水、

膜下排水的防渗加固技术后，土工膜把库水拦阻于膜上，土坝迎水坡只承受水压力而不产生水对坝身的渗透破坏，即土坝内的浸润线为零，坝身的土壤逐年干化。需要注意的是，土坝坝基受到向上的浮托力，这部分水的渗透直接作用于坝底，从而产生土坝浸润线。预计这条浸润线可能出现以下的特点：

（1）管内水位较低，约产生于坝基附近。

（2）浸润线管水位的曲线形态基本相似，即土坝靠近上游面位置的浮托大、管水位高；土坝靠下游坝底位置的浮托小，管水位低。

（3）为确认除险加固工程的成效，工程竣工后，还须把设计洪水位的坝身浸润线标入病险土坝土工膜防渗加固工程的膜下纵、横向排水横剖面设计图中（见图1）。

## 第二节　土坝坝基 $\phi 120$ 渗水集水管的埋设、土坝渗漏量观测资料的收集与分析

### 一、土坝坝基 $\phi 120$ 渗水集水管的埋设

在根治病险土坝土工膜的防渗加固工程中，采用膜上防渗隔水、膜下排水的土工膜防渗组合结构，其防渗体膜下设有一套排水完善的排水系统。在这个排水系统中，坝基 $\phi 120$ 横向排水集水管的埋设由非开挖铺管钻机于土坝围水清基后钻孔、铺管，并把土坝防渗体膜下的渗水由坝基 $\phi 120$ 横向排水集水管排出坝外（见图1）。

### 二、土坝渗漏量观测资料的收集与分析

土坝是由土壤夯筑而成的挡水建筑物，因为土料具有渗透性，库水又具有无孔不入的特点，所以每座土坝均会产生一定量的渗漏水，而当坝后渗漏量过大时将威胁大坝的安全。

（一）观测资料的收集

对竣工验收之后的根治病险土坝土工膜防渗加固工程，其渗水总量测定的方法是：取一定量的桶置于坝基横向排水集水管的出口处，计算灌满一桶水所需的时间，计算渗流量，并根据这些数据绘制库水位与渗流量的关系曲线。

（二）观测资料的分析

正常情况下，库水位与渗流量的关系曲线形态是平顺的，因为库水位越高则坝基排水管的渗流量就越大。在工程管理中，当发现所绘制的曲线出现拐点，就说明铺放于坝坡上的土工膜出现了破洞，或膜与坝坡交接的接触面出现漏水通道等险情。只有通过每日观测渗漏量的变化，才能及时发现土坝的病险情（尤其是防汛期），并能查清险情是出现在当日土坝蓄水高程的附近。通过对土坝进行实时的检查观测，可以避免汛期之后，因渗漏严重而盲目地检修土坝，同时还能随时掌握防渗工程的动态，及时消除土坝出现的险情。

# 第五章 治理病险库及预防新建土坝产生新的险病的有效技术措施

把根治病险土坝、预防新建土坝产生新的病险的"土坝土工膜膜上防渗隔水、膜下排水的防渗机理"应用于 2019 年实施的根治管前土坝土工膜防渗加固工程设计、施工和工程管理中。这项技术的推广不仅可以有效地治理因水的渗透破坏而产生的量大面广的病险土坝，而且能防止新建土坝产生新的病险库。在应用该防渗机理治理病险库的时候，要求采用非开挖铺管钻机于坝基钻孔，并一气呵成地铺上坝基 $\phi 120$ 横向排水集水管，以把渗入膜下的水排出坝外。这项施工新工艺解决了手工难以开挖并铺放坝基横向排水集水管的难点，使防渗工程土坝坝体的浸润线消失，消灭了水害，根治了病险土坝的问题。且该工程投入少，社会效益和生态效益明显，一次投入长期受益，是一个利用土工膜防渗加固的放心工程。推广和应用这项技术，必定会大大地加快我国水利工程技术人员治理病险库的进程。

# 第六章 土坝土工膜的防渗机理在预防新建土坝产生新的病险库的工程中的应用

## 第一节 概述

在病险土坝中应用土工膜的防渗加固技术，在我国曾作过几十年的探索、研究，已取得长足的发展。在病险土坝的土工膜防渗除险加固工程中，一般采取"上堵下排"的方案。上堵是以土工膜为防渗隔水材料，铺放于土坝迎水面的土坡上以阻断库水渗入土坝的坝体中；下排是在土坝的背水坡设置倒滤坝或开挖导渗沟。由于以往的工程设计人员在病险库的土工膜防渗加固设计中，认为把土工膜铺于坝面后就形成了一堵真正的不透水的斜墙，而忽视了在同一张膜下建立一套完善的纵、横向排水系统。所以在我国所有的病险土坝土工膜防渗除险加固工程竣工后，土坝内均存在高低不等的浸润线，这就说明病险土坝的迎水面铺放土工膜后库水仍会渗入膜下，并在膜与土坝坝面间形成一薄水层。由于土坝的阻挡，这一淤积层的渗水无法排出坝外，因而影响了土坝土工膜防渗工程的防渗效果。由此可见，排除防渗体膜下的淤积水层是土坝土工膜防渗除险加固工程的技术难点。为突破这项关键技术，就必须以"土坝土工膜膜上防渗隔水、膜下排水的防渗机理"为最佳技术方案的依据，在新建黏土斜墙坝迎水面及黏土斜墙的背水面设置膜上防渗隔水、膜下排水的土工膜组合防渗结构体。

# 第二节　土工膜膜上防渗隔水、膜下排水的土工膜组合防渗结构体的设计

把"土坝土工膜膜上防渗、膜下排水的防渗机理"作为预防新建土坝产生新的险病库的最佳技术方案的依据。

在新建土坝的土工膜防渗加固工程中，采用膜上防渗隔水、膜下排水的土工膜组合防渗体结构，其防渗体的结构型式见图7、图8、图9所示，即在土工膜下多种土质坝的迎水坡上铺10cm的粗砂、10cm的细砂作为排水垫层，再铺上一层宽6m、厚0.3mm的聚乙烯土工膜防渗隔水，再在土工膜上铺一层土工布作为保护层，然后在原设计土坝的夯填黏性壤土斜墙防渗过渡层和斜墙坝的迎水坡处铺40cm×60cm×6cm的混凝土预制块，并在预制块下垫10cm的砂卵石作为防浪保护层。

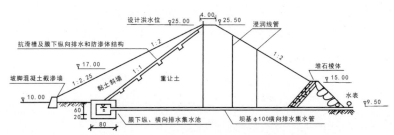

图 7　新建黏土斜墙坝土工膜防渗加固工程设计示意图

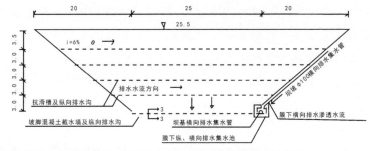

图 8　新建黏土斜墙坝土工膜防渗加固工程抗滑槽及膜下纵、横向排水布置示意图

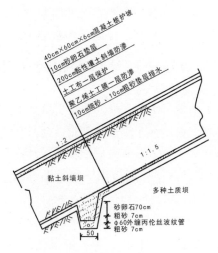

图 9　新建黏土斜墙坝土工膜防渗加固工程膜下纵向排水和防渗体结构剖面

## 一、防渗体位置的设置

在新建的土坝工程中，采用土工膜膜上隔水、膜下排水防渗的机理，其防渗体必须布置在土坝坝身的中部，这是因为土坝本身就是防渗体，斜墙坝的特点是土坝上游面用夯填黏性壤土薄斜墙，土坝的中部及后半部可用渗透系数大的中壤土或砂壤土，土工膜防渗体就布置在多种土质坝的上游面和斜墙坝的背水坡上。这种新型防渗体具有以下优点：

（1）充分发挥黏土斜墙的防渗作用，把因库水渗透产生的渗水大量拦截。

（2）这种防渗体的膜下排水沟也发挥着抗滑槽的作用，工程施工中把土工布和土工膜深埋入排水沟中，使膜上的土体不产生滑动。

（3）土工膜是土坝的第二道防渗墙。

（4）土工布能保护土工膜不受斜墙土料夯填时产生的机械力的损害。

（5）埋设于斜墙坝泥土中的土工膜不受紫外线的伤害，也不受机械力的破坏，因此其老化过程更慢、使用寿命更长。

（6）防渗加固工程实施后，能把库水水平渗透产生的浸润线下降到零。

## 二、PE土工膜厚度的确定

近年来，我国推广薄膜理论以推导铺在土坝迎水坡上砂颗粒地层上的土工膜的厚度。根据苏联薄膜理论半径计算公式，考虑到土坝承受 15.0m 水头和支承膜料的垫层粒径等因素，确定的半经验公式计算其理论厚度为 0.11mm。当实际铺膜时，考虑到过渡层施工中碾压机械碾压斜墙坝坝体黏性壤土所产生的施工荷载及与膜接触砂颗料的尖锐棱角等因素，实际采用膜厚 $t < a/3 = 0.8/3 = 0.27$mm，取膜厚为 0.3mm。

## 三、膜料的选择

选择宽 6.0m、厚 0.3mm 的 PE 膜，作为新建土坝土工膜膜上防渗隔水、膜下排水的土工膜组合防渗结构体的防渗隔水材料。PE 膜具有良好的防渗隔水性能，抗拉强度高，伸长率大，能随着地基的变形而变形，且使用寿命长。应选择宽而厚的 PE 膜使铺膜时膜间的接头少，省工又省料，不仅价格经济而且施工简便。

## 四、土工膜组合防渗结构体的稳定性分析

在病险土坝土工膜防渗加固工程中，防渗体是布设在土坝迎水坡坝面上的，由于防渗材料是采用表面光滑的土工膜，为防止防渗体向坝外下滑，就必须在坝坡处设置平行于坝轴线的防滑齿槽。在新建黏土斜墙坝的土工膜防渗加固工程中，防渗体布设在斜墙坝和多种土质坝之间，利用上游斜墙坝土体产生的向下游方向的被动土压力和多种土质坝土体产生的向上游方向的被动土压力，把土工布和土工膜紧紧夹住，使防渗体中的土工布和土工膜不下滑。

在新建土坝中，对膜上防渗隔水、膜下排水的土工膜组合防渗结构体的抗滑稳定性的分析，实际上就是对斜墙坝坝坡的稳定性的分析。要使防渗体保持稳定，就必须保证斜墙坝上游面坝坡的稳定。确定一个既安全又经济的斜墙坝坝坡是一项较复杂的工作，稳定坝坡的确定，与坝型、坝高、土坝的填筑材料、坝基的地质、土料的碾压质量等因素有关，采用上述方法分析斜墙坝坝体的稳定性时，还应考虑水库运行时的最不利条件。原因是斜墙坝既是防渗体的一个重要组成部分，又是土坝的主要防渗体，斜墙坝内的黏性土料对水的渗透系数小，可能导致防渗体失稳。防渗体失稳的最不利情况出现在库水位降落时，尤其是库水位从最高蓄水位骤降到死水位时，此时的斜墙坝土料处于饱和状态，土内的饱和水下渗，产生了渗透水压力，使斜墙坝内的浸润线与库水位不同步下降，导致反向渗透水压力引起了土坝上游坝坡的不稳定。也由于 PE 膜表面光滑，膜与土料接触时抗剪指标低，摩擦力小，这就意味着斜墙坝有沿土工布滑动的危险。土坝的外坡越陡，这种危险性就越大。

综上所述：当坝高为 15～16m 时，设计土坝的迎水坡坡比采用 1：2～1：2.25，下游坡比采用 1：1.75。当土坝的坝高为 20m 时，设计土坝的迎水坡比采用 1：2～1：2.5，下游背水坡比采用 1：1.75～1：2.0，即上游的各级坝坡均不得陡于 1：2.0。

小型水库土坝的坝体稳定性的分析方法有多种，一般从坝体整体的抗滑稳定性分析和坝坡稳定性分析两个方面考虑，经过多年的建坝实践，水利专家认为上述的土坝设计坡比满足土坝整体抗滑稳定性的要求。所以不必对土坝的坝体及坝坡进行校核，这就是说黏土斜墙坝的迎水坡是稳定的，在内坡稳定的斜面下铺设土工膜防渗体，坝内的防渗体不存在下滑的危险。

**五、膜下纵、横向排水设计**

土坝土工膜膜上防渗隔水、膜下排水的防渗机理：预防新建土坝产生新的病险库的土工膜防渗加固工程设计中，膜上采用土坝迎水面黏土斜墙坝厚实的黏壤土防渗隔水，因水是无孔不入的，土料又具有渗透的特点，当水库蓄水后，库水渗入黏土斜墙及土工膜后，将对膜下多种土质坝产生渗透破坏，所以在膜下设置纵、横向排水系统是膜下排水的关键技术。

　　黏土斜墙坝土工膜防渗加固工程中，采用土工膜膜上防渗隔水、膜下排水的土工膜组合防渗结构体布设在多种土质坝的上游坝坡上，防渗体中坝坡膜下铺设20cm厚透水性极好的砂垫层，坝坡上又设置数道自成排水体系的排水沟槽（见图7、图8）。每隔3.0m垂距设一条膜下渗漏水排水沟，每条沟分别把3m坝高坝面产生的渗水汇入排水沟中，再经纵向排水沟中的 $\phi$60 波纹管以坡降0.6%排入坝坡 $\phi$100 横向排水集水管，右侧坝坡横向集水管又把12.5m坝高产生的膜下渗流排入坝基右侧的膜下纵、横向排水集水池，同时坡脚纵向混凝土结构的排水沟也把坝底3.0m坝高坝面产生的渗水汇入坝基右侧膜下纵、横向排水集水池中，再由坝基处 $\phi$120 横向排水集中管把土坝渗水总量排出坝外（见图7、图8、图9、图10）。

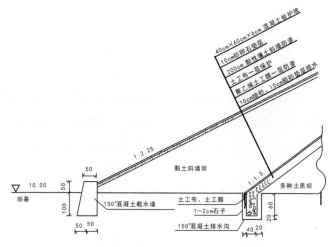

图10　坡脚纵向排水沟剖面示意图

## 第三节  施工工艺

### 一、坝踵围水清基，设置坝踵混凝土截水墙

新建土坝的土工膜与地基的衔接处理中，坝踵围水清基是防渗加固工程的第一道工序。土坝经围水后，把坝上游的来水阻拦于土坝前，为了不影响下游村民的用水，必须先用水管把水导入放水涵管中。在土工膜与坝基的衔接处必须紧密结合，土坝坡脚是防渗体的基础，也是水压力、滑动力最大的部位，所以其底部的截渗沟应开挖至不透水层，再在平行于坝轴线的截渗沟上设置坝踵混凝土截水墙（见图7、图8和图10所示）。

### 二、坝基膜下纵、横向排水集水池和坝基横向排水集水管的埋设

（一）设置坝基膜下纵、横向排水集水池

为了控制坝内因水平水压力产生的浸润线的升高，应于坝踵平行坝轴线的地面以下的位置开挖一个集水池，该水池以 $150^#$ 的混凝土浇筑长×宽×高＝0.8m×0.8m×0.6m 的池墙，池墙厚20cm。坝基膜下纵、横向排水集水池是防渗体膜下排水系统的一个组成部分。根据施工便利原则，在坝两侧山坡中，选择一侧岸坡铺设坝坡 $\phi100$ 横向排水集水管，在土坝土工膜防渗工程中，土工膜铺放于多种土质坝上游的坡面上，且每隔3m垂距设置一条纵向排水沟，如图8中所示，四条纵向排水沟分别以0.6％坡降把坝内3m坝高的膜下渗漏水，排向右侧坝坡上的 $\phi100$ 横向排水管集流，排水沟中 $\phi60$ 外缠丙伦丝波纹管与坝坡中 $\phi100$ 横向排水集水管间以三通管连接。坝坡 $\phi100$ 横向排水管、坝基 $\phi120$ 横向集水管及坝踵混凝土排水沟分别与坝基膜下纵、横向排水集水池相连接（图

7、图 8、图 10）。

（二）埋设坝基横向排水集水管

坝基 $\phi 120$ 横向排水集水管是用来排出坝坡渗水的集流管道，它是防渗体膜下排水系统中一个重要的组成部分，它的进口处位于坝基膜下纵、横向排水集水池挡水墙的中部。集水管上半部分位于坝基上游面的地面线下，集水管下半部分位于坝坡 $\phi 100$ 横向排水集水管一侧山坡的下部，即在这一侧山坡上开挖一条 0.6％管坡的小平台后，再埋设 $\phi 120$ 坝基横向排水集水管。由于土坝土工膜防渗加固工程是隐蔽工程，在完工后还应于集水池中灌水以检测所埋设的集水管是否存在渗漏（见图 7、图 8 所示）。确保坝基膜下横向排水集水池、集水管埋设在坝踵地面线 40cm 以下深，是新建土坝土工膜防渗加固工程成败的关键。如果所埋的集水管高于坝踵的地面线，则坝底防渗体膜下的砂垫层将淤积渗水，当该渗水渗透进膜下多种土质坝的迎水面后，会抬高坝内的浸润线，从而影响防渗工程的防渗效果。

（三）多种土质坝坝踵混凝土排水沟的设置

多种土质坝坝踵开挖一条 40m 长平行于坝轴线的沟槽，这条排水沟位于多种土质坝坝踵的地基之下，其断面与集水池的断面相同，为宽 50cm、高 60cm 的排水沟。它的主要作用：一是排除坝体 3m 坝高、防渗体中膜下的渗水，这条排水沟直接与坝基膜下纵、横向排水集水池相通，从而把 3m 坝高的坡面膜下渗水直接排入集水池；二是在防渗工程中，将土工布和土工膜伸入 150# 混凝土排水沟内侧的墙体，以防膜料下滑；三是混凝土排水沟的墙体是土坝第二道防渗的截水墙；四是排水沟顶部与膜下砂垫层连成一体，使排水更畅通、更安全（见图 7、图 8、图 10）。

### 三、土工膜的铺设

根据"土坝土工膜膜上防渗隔水、膜下排水的防渗机理"设计的新建土坝土工膜防渗加固工程的防渗体结构中，工程设计人员不能简单地认为，多种土质坝迎水面从坝底至设计洪水位间全部铺放不透水的 PE 土工膜后，土坝的迎水面就形成了一堵不透水的截水斜墙，该斜墙能把库水与原坝体隔开，从而让多种土质坝的迎水面无水层。多年的工程实践证明，一个好的防渗工程设计，必须与可靠的工程施工相结合，二者缺一不可。在铺膜施工的过程中，如果周边的止水措施不可靠，库水仍会沿周边绕渗至膜下，导致部分坝体渗漏，影响土工膜膜上防渗隔水的功能。铺于坝面上的土工膜的上下层连接一般采用粘接、焊接、搭接和埋接四种方法，在福建省病险土坝土工膜防渗加固工程中，大量采用宽幅聚乙烯土工膜（PE 膜）作为防渗材料，这种土工膜在施工期中，可通过黏合剂粘接，但随着使用年限的增多，其接头可能脱开，引起膜间粘接失效，形成膜间渗漏的隐患，使膜与土坝迎水面间形成一薄水层，该水层中的水渗入坝体，从而导致坝体的浸润线升高。福建省个别水库就曾因膜间接头处理不当，导致土坝土工膜防渗工程失败而不得不返工。

（一）铺膜施工

在新建黏土斜墙坝土工膜防渗加固工程中，土工膜铺设在多种土质坝的上游面坝坡上，在夯填多种土质坝时，上游坝坡按设计要求为 1：1.5，且每隔 3m 坝高设置一条排水沟。铺膜前用多种土料填至 2～3m 坝高后，应暂停填土施工，留出一个土工膜对接热焊平台，铺膜前先按坝坡平贴面的长度及梯形的贴面剪裁土工布和土工膜，平行于坝轴线横铺于坝坡上，其底部应伸入坝踵混凝土排水沟靠下游一侧的沟墙中。铺膜施工中，铺膜施工与多种土质坝坝高夯填土同步进行，与黏土斜墙坝坝高夯填土同步进行。

（二）铺膜范围

防渗膜铺放于多种土质坝上游的坝面上，铺膜的上下基面自坝踵混凝土排水沟至设计洪水位高程与多种土质坝上端固埋沟衔接，左右两侧由多种土质坝两侧山坡的坝肩固埋沟开挖到不透水层后，把土工膜埋入，再以水泥土回填，坝面经全面铺设土工膜后就形成了一堵不透水的防渗斜墙。

## 1. 膜下纵、横向排水及周边接缝的锚固和固埋沟的止水

在黏土斜墙坝土工膜防渗加固工程中，坝坡 $\phi100$ 横向排水集水管设置于多种土质坝的右侧（见图8）。在铺膜施工中，膜与右侧山坡的周边止水结合膜下纵、横向排水管排水的衔接采用如图11形式的固埋沟，即在膜与右侧山坡交接的山坡土基上开挖宽0.3m、深0.78m的固埋沟，固埋沟的下部则结合埋设右坝坡的 $\phi100$ PVC 横向排水集水管，以及坝坡排水暗沟底部的外缠 $\phi60$ 有孔纵向排水波纹管，以双通管连接后再回填 150# 的混凝土，同时把土工布和土工膜埋入固埋沟的上部，这种土工膜与周边混凝土联合嵌固的形式，确保了周边止水的可靠有效，防渗体土工膜达到防渗、隔水的目的。

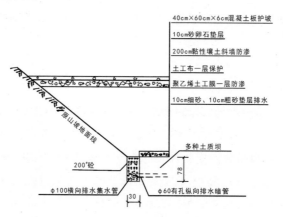

图 11　膜下纵、横向排水及周边接缝剖面示意图

## 2. 膜间连接方式及焊接法的选择

能否使二膜基面密切贴合是土坝土工膜防渗工程成与败的关

40

键，对采用 PE 膜防渗的土坝，宜采用焊枪焊接法，其次选择电熨斗恒温热焊法。

### 3. 上下二片膜焊接面热焊施工场地的整理

在新建土坝土工膜防渗加固工程的设计中，防渗膜埋设于两坝交界面之中，所以必须把防渗体的施工与土坝的填筑施工紧密结合。在多种土质坝与斜墙坝的填筑中应向防渗体膜间的焊接提供施工便利，即由多种土质坝创造一个土工膜对接热焊平台，由斜墙坝提供焊接工站立的操作平台，这种膜间焊接的施工方法有利于土工膜基面间的密切结合，确保土工膜在焊接施工中不被损坏及热焊工程施工的质量。

# 第四节　结语

（1）在土坝安全事故的原因中，渗流破坏引起的占多数。为确保土坝工程的安全运行，我国已投入大量资金，广大的水利工程管理技术人员已经成功地解决了土坝土工膜防渗加固工程中的关键技术问题，美中不足的是，这些技术并没有达到根治病险土坝、预防新建土坝产生新的病险库的目标。

（2）在新建土坝或病险土坝的土工膜防渗加固工程中，必须把"土坝土工膜膜上防渗隔水、膜下排水的防渗机理"作为制订根治病险土坝和预防新建土坝产生新的病险库的最佳方案的依据。

（3）是否将先进的土工膜防渗技术与可靠的施工工艺优化结合，是关系到土坝土工膜防渗加固工程成败的关键。

（4）在新建土坝与根治病险土坝的土工膜防渗加固工程中，采用宽幅聚乙烯（PE）土工膜新材料，充分发挥了土工膜的多种功能。

（5）土坝采用土工膜膜上防渗隔水、膜下排水的土工膜组合防渗结构体型式加固后，消除了库水对坝体的水平渗透破坏，同时，还在坝体自重的作用下，排除了坝内多余的水分，土坝坝体逐年干化，土的干容量增大，提高了坝体土的抗剪强度，从而达到有险除险，无险加固的目标。所以在土坝土工膜防渗加固工程竣工验收中，应做到验收一座土坝，摘掉一个病险库帽子。

（6）在根治病险土坝土工膜防渗加固工程中，铺设坝基 $\phi 120$ 横向排水管时，必须采用 ZT-32 非开挖铺管钻机新机具、新工艺，以解决人工难以在坝底造孔并铺设排水管的难题。这项施工新工艺的推广和应用，必将加快我国数以万计病险库的治理进程。

（7）为了加快我国根治量大面广的病险土坝和预防新建土坝产生新的病险库的土工膜防渗加固工程的进程，并使它进一步规范化和科学化，建议相关水利部门建立相应的规程、项目实施程序等规范。

（8）大力推广和普及土坝土工膜防渗加固实用技术，将取得明显的社会效益、经济效益和生态效益。